四川省工程建设地方标准

四川省城镇供水管网运行管理标准

Standard for Operation and Management of the Urban Water Distribution System in Sichuan Province

DBJ51/T 080 - 2017

主编单位：四川省城镇供水排水协会
批准部门：四川省住房和城乡建设厅
施行日期：2018年1月1日

西南交通大学出版社

2017 成都

图书在版编目（CIP）数据

四川省城镇供水管网运行管理标准 /四川省城镇供水排水协会，成都市兴蓉环境股份有限公司主编. —成都：西南交通大学出版社，2018.1
（四川省工程建设地方标准）
ISBN 978-7-5643-5923-2

Ⅰ. ①四… Ⅱ. ①四… ②成… Ⅲ. ①城市供水－管网－运行－地方标准－四川 ②城市供水－管网－管理－地方标准－四川 Ⅳ. ①TU991.21-65

中国版本图书馆 CIP 数据核字（2017）第 292610 号

四川省工程建设地方标准

四川省城镇供水管网运行管理标准

主编单位 四川省城镇供水排水协会
成都市兴蓉环境股份有限公司

责任编辑	柳堰龙
封面设计	原谋书装
出版发行	西南交通大学出版社 （四川省成都市二环路北一段 111 号 西南交通大学创新大厦 21 楼）
发行部电话	028-87600564 028-87600533
邮政编码	610031
网址	http://www.xnjdcbs.com
印刷	成都蜀通印务有限责任公司
成品尺寸	140 mm × 203 mm
印张	1.75
字数	41 千
版次	2018 年 1 月第 1 版
印次	2018 年 1 月第 1 次
书号	ISBN 978-7-5643-5923-2
定价	23.00 元

各地新华书店、建筑书店经销
图书如有印装质量问题 本社负责退换

关于发布工程建设地方标准《四川省城镇供水管网运行管理标准》的通知

川建标发〔2017〕696号

各市州及扩权试点县住房城乡建设行政主管部门，各有关单位：

由四川省城镇供水排水协会和成都市兴蓉环境股份有限公司主编的《四川省城镇供水管网运行管理标准》已经我厅组织专家审查通过，现批准为四川省推荐性工程建设地方标准，编号为：DBJ51/T 080－2017，自2018年1月1日起在全省实施。

该标准由四川省住房和城乡建设厅负责管理，四川省城镇供水排水协会负责技术内容解释。

四川省住房和城乡建设厅

2017年9月22日

前　言

根据四川省住房和城乡建设厅《关于下达工程建设地方标准〈四川省城镇供水企业运行管理标准〉编制计划的通知》(川建标发〔2016〕18号）的要求，标准编制组经大量调查研究，认真总结城镇供水管网运行管理经验，参考有关国内标准，并在广泛征求意见的基础上，制订本标准。

本标准的主要技术内容包括：1总则、2术语、3基础管理、4并网管理、5运行调度管理、6水质监控管理、7停水管理、8维修管理、9巡检保护管理、10附属设施维护管理、11漏损控制管理、12档案资料管理、13信息化应用管理、14应急预案管理、15运行安全管理。

该标准由四川省住房和城乡建设厅负责管理，成都市兴蓉环境股份有限公司负责标准内容解释。执行过程中如有意见或建议，请将相关资料寄送成都市兴蓉环境股份有限公司（邮编610000，成都市武侯区锦城大道1000号4-5楼）。

主编单位： 四川省城镇供水排水协会
成都市兴蓉环境股份有限公司

参编单位： 绵阳市水务（集团）有限公司
成都市自来水有限责任公司
宜宾市清源水务集团有限公司
自贡水务集团有限公司

新兴铸管股份有限公司

主要起草人： 罗万申　贾代林　欧飞跃　陈筱秋

齐　宇　马家晨　段江河　唐　民

郑　旻　任大庆　胡　明　纪胜军

韩　霄　仲丽娟　张　涛　李　浩

王晓飞　骆　利　李　明　何海云

童雪峰　黄保平　陈兴华　赵淞江

李铁良　李国栋　李燕秋

主要审查人： 梁有国　付忠志　杨　松　孙晓航

方　成　李　良　张　强

目　次

Contents

1 总 则

1.0.1 为了加强四川省城镇供水管网并网、运行调度、设施维修维护、资料管理，保证供水管网运行安全，确保水质、水量、水压满足城市供水需求，提高四川省城镇供水单位管理水平，制定本标准。

1.0.2 本标准适用于四川省行政区域内城镇供水单位的供水管网运行管理。

1.0.3 城镇供水管网的运行管理除应符合本标准外，尚应符合国家现行有关标准的规定。

2 术 语

2.0.1 供水管网 Supply pipe nets

从水厂至用户结算水表（含水表节点）前的管道及其附属设施。

2.0.2 供水单位 water supply utility

承担城镇公共供水的企业或实体。

2.0.3 并网 new pipe operation

指新建、改建管线经过特定工作程序接入现状管网投入使用的过程。

2.0.4 供水调度 water supply scheduling

通过实时调整水厂、泵站及阀门运行状态，使水量供应符合用水需求变化、供水压力满足用户需求的过程。

2.0.5 爆管 pipeline erplosion

运行管道及其附属设施破损导致自来水大量涌出，必须实施紧急停水、连续抢修的管网突发事件。

2.0.6 管道附属设施及附件 pipeline facilities

供水管网中的控制阀、排水阀、排气阀、消火栓、水表等设施及其井室，以及阴极保护、管道支墩、管位标识等外设装置。

2.0.7 停水 water outage

因管网抢爆、检修或施工需要，通过关闭阀门将供水管网中部分管段在一定时间段进行隔离，失去管网输配水功能的过程。

2.0.8 计划停水 planned water outage

因管网施工或管网检修需要，提前制订停水计划，经规范的审批程序，明确停水和复水时间的管网停水。

2.0.9 非计划停水 temporary water outoge

因管道漏水或隐患需要及时停水处理，经供水单位自行制定的审批程序，明确停水和复水时间的管网停水，或因发生管网爆管或紧急险情，必须立即停水抢修，在执行停水操作的同时告知用户的管网停水。

2.0.10 管网漏损率 leakage percentage

管网漏损水量与供水总量之比,反映供水单位供水效率的高低。

3 基础管理

3.1 组织机构及岗位管理

3.1.1 供水单位应根据管网规模设置相应的组织机构，实行定岗定员。

3.1.2 供水单位管网管理维护人员应当按要求取得健康合格证，并经专业培训合格，持证上岗。

3.1.3 供水管网运行管理部门应制订并实施内部岗位培训计划，持续提高员工技能水平。

3.2 制度管理

3.2.1 供水单位应建立管网管理制度体系，见附录 A 供水单位主要管网管理制度目录。

3.2.2 供水单位管网管理应按制度执行，并对制度执行情况进行记录和监督检查。

3.2.3 供水单位管网管理应定期对制度进行评估和修订。

3.3 预算管理

3.3.1 供水单位宜实施全面管网预算管理，编制年度管网维护业务预算、管网更新改造项目预算。

3.3.2 供水单位应按预算实施，并定期进行评估考核。

3.4 固定资产管理

3.4.1 供水单位应建立固定资产管理制度。

3.4.2 供水单位应建立包括管龄、材质、口径、数量等内容的固定资产台账。

3.5 绩效管理

3.5.1 供水单位应制订绩效管理办法，定期对管网运行管理部门进行评价考核。

3.5.2 供水单位管网管理部门宜制定员工绩效管理办法，对员工工作业绩、态度和能力等进行评价考核。

3.6 文件和记录管理

3.6.1 本标准要求制订的制度、规程和应急预案等应形成文件，并便于查阅，必要时应在工作场所对重要内容进行张贴。

3.6.2 本标准要求对执行制度、规程和应急预案的过程、结果进行记录，应形成相应的记录文件。

4 并网管理

4.1 一般规定

4.1.1 供水单位应建立并网管理制度。

4.1.2 供水单位应规范并网工作程序，满足《城镇供水管网运行、维护及安全技术规程》CJJ 207 的规定，确保符合质量要求的管线安全平稳并入供水管网。

4.2 并网管理

4.2.1 供水单位应对并网管道是否具备投运条件进行并网前评估。

4.2.2 供水单位组织制订并网的实施方案，制订的实施方案应满足《城镇供水管网运行、维护及安全技术规程》CJJ 207 的相关规定。

4.2.3 并网管线应冲洗消毒，并经具有资质的水质检测机构检测合格后，方可投入使用。

4.2.4 供水单位应及时将并网的管线及其附属设施纳入运行管理。

5 运行调度管理

5.1 一般规定

5.1.1 供水单位应建立供水运行调度体系，实时监控供水管网运行压力、水量和水质状况。有条件的供水单位应建立供水优化调度辅助决策系统。

5.1.2 供水单位应分析用水需求，进行水量预测，科学制订供水调度计划。

5.2 运行调度管理

5.2.1 供水单位应按照管网运行安全、供水服务压力需求和经济运行的优先顺序，实施水厂、加（减）压站等供水节点的计划调度。应规范供水调度行为，确保管网安全、平稳、经济运行。

5.2.2 供水单位应根据城市供水规划，综合考虑服务范围区域的地形特点及管网布局和承压能力等因素，合理确定城市公共供水管网的服务压力标准，并报送当地供水行政主管部门。

6 水质监控管理

6.1 一般规定

6.1.1 供水单位应根据《生活饮用水卫生标准》GB 5749、《城市供水水质标准》CJ/T 206 规定，设置水质监测取样点，实施监测。

6.1.2 供水单位宜根据《城镇供水管网运行、维护及安全技术规程》CJJ 207 规定，设置管网水质在线监测点，对浊度、余氯（二氧化氯）等水质指标实施在线监测；应建立管网水质在线监测点定期巡视制度和水质仪器仪表维护、校准制度。

6.1.3 供水单位应当定期向县级以上人民政府城市供水、卫生行政主管部门报送水质报表、检测资料。

6.2 水质监控管理

6.2.1 供水单位在管网运行维护中，必须采取措施保证管网水质符合国家生活饮用水卫生标准。

6.2.2 供水单位应建立规范的水质异常信息处理流程，及时查找原因，并进行处置。

7 停水管理

7.1 一般规定

7.1.1 供水单位应建立管网停水管理制度及内部审批机制，严格规范管网停水行为。

7.1.2 供水单位应按当地供水行政主管部门的要求将停水方案报相关部门批准。

7.1.3 供水单位在实施停水前应制订停水方案。

7.1.4 停水操作应严格按照批准的方案进行。

7.2 停水管理

7.2.1 供水单位计划停水或降压，应提前 24 h 告知受影响的用户，并按时恢复供水。计划停水时间超过 24 h，供水单位应采取临时供水服务措施，可选择连接临时水源、设置临时水桩、送水车送水等方式。

7.2.2 供水设施发生故障或者管道爆裂，导致管网非计划停水，供水单位应将停水信息及时告知受影响用户。

7.2.3 管网通水操作应在确保管网安全、水质安全及周边用户用水不受影响的前提下，进行规范操作。

8 维修管理

8.1 一般规定

8.1.1 供水单位应建立管网维修管理制度。

8.1.2 供水单位应建立专门维修机构，配备专业维护人员、车辆、抢修机具和材料，合理设置维护站点，确保管网故障及时修复。

8.1.3 供水单位应建立管网故障信息 24 h 搜集、传递、处理机制。有条件的供水单位应建立信息化处置机制和处置平台。

8.1.4 供水单位应按当地城市供水行政主管部门要求及时上报管网故障信息及维修处置情况。

8.2 维修管理

8.2.1 供水单位应严格按照管网维修管理制度开展止水、抢修、安全防护及环境保护等相关工作。

8.2.2 供水单位在管网维修中使用的维修材料必须符合国家、行业和省规定的质量、卫生、供水、节水标准。

8.2.3 维修时限应满足当地供水行政主管部门要求，符合供水单位对外服务承诺，宜达到以下标准：

$D_N \leqslant 600$ 控制在 24 h 之内；

$D_N > 600$ 且 $D_N \leqslant 1\,200$ 控制在 36 h 之内；

$D_N > 1\,200$ 控制在 48 h 之内。

8.2.4 供水单位应按照爆管、漏水等类型分类建立管网维修台账，规范搜集管网维修数据，并对爆管、漏水原因进行分析。

8.2.5 供水单位应对爆管频率高、漏损严重、管网水质差等运行工况不良的管道及时提出更新改造计划，报当地城市供水行政主管部门审核。

9 巡检保护管理

9.1 一般规定

9.1.1 供水单位应建立管网及其附属设施巡查保护制度，配备专业巡护人员，划分巡护范围，明确巡护工作内容，设定巡护周期，制定巡查信息处置程序。

9.1.2 供水单位应规范记录和及时处置管网巡查信息。供水单位宜建立巡查信息数据库，对巡检记录及异常信息分类集中管理，巡检信息处置程序应形成闭环。

9.2 巡检保护管理

9.2.1 供水单位应将影响管网安全的施工工地纳入监控，宜建立动态管理台账，评估安全风险，与建设单位、施工单位建立协调机制。

9.2.2 供水单位应根据建设方或相关部门需求提供相应的技术资料，督促建设方制订施工工地内管网保护方案，并对保护方案进行评估确认。

9.2.3 施工单位在施工中造成城市供水设施损坏的，供水单位应立即报当地供水行政主管部门，并及时修复；施工单位应承担修复费用，赔偿损失。

10 附属设施维护管理

10.1 一般规定

10.1.1 供水单位应建立管网附属设施维护制度，以保证设施状态可靠，延长设施使用寿命。

10.1.2 供水单位应依据管网附属设施类型、重要程度、运行环境等情况，制订合理的维护周期。

10.1.3 供水单位应制订管网附属设施维护的计划，并按计划开展维护工作，并做好维护记录。

10.2 附属设施维护管理

10.2.1 供水单位应对管网附属设施建立日常保养、一般检修和大修三级维护检修制度。

10.2.2 供水单位宜建立管网附属设施及故障处置台账，对管网设施维护及故障设施处置情况进行记录统计，纳入统一管理。

10.2.3 供水单位应依法建立市政消火栓的管理及维护制度，依法开展市政消火栓的维护管理工作。

11 漏损控制管理

11.1 一般规定

11.1.1 供水单位应制订管网漏损率控制目标，制定管网漏损控制管理制度。

11.1.2 供水单位应对区域内的供水管网开展漏损普查工作，通过主动检漏控制管网漏损。

11.2 漏损控制管理

11.2.1 供水单位应定期开展漏损率数据统计工作,分析漏损变化的具体原因，评估漏损控制的水平，制订漏损控制措施。

11.2.2 有条件的供水单位应采取分区计量的方式，监测区域漏损状况，提高漏损控制水平。

11.2.3 供水单位宜每月建立相关台账，实施动态管理，有效地控制管网漏损率。

12 档案资料管理

12.1 一般规定

12.1.1 供水单位应建立管网档案资料管理制度，设立部门并配备管理人员。

12.1.2 供水单位应建立管网档案资料和管网数据备份制度，重要档案和重要数据的备份宜异地保存。

12.1.3 供水单位应建立管网档案资料安全保密制度。

12.2 档案资料管理

12.2.1 供水单位应严格按照管网资料管理制度开展资料和档案管理工作，执行国家档案管理的法律及法规的规定。

12.2.2 供水单位应加强供水档案管理，档案管理应符合国家相关要求。

13 信息化应用管理

13.1 一般规定

13.1.1 供水单位应采用信息化管理方式对管网运行状态变化进行记录，实现管网数据及时维护更新，掌握管网运行现状。

13.1.2 信息化应用应建立管网运行动态数据维护管理制度，配置专业维护管理人员。

13.2 信息化应用管理

13.2.1 供水单位宜结合当地及企业实际情况建立管网 GIS 系统、GPS 系统、SCADA 系统、管网数学模型等信息化应用系统。

13.2.2 供水单位应定期评估各信息化应用系统精度及应用效果，制订计划，及时维护更新。

13.2.3 供水单位宜整合各信息化应用系统，共享数据，力求建立统一信息化平台并结合企业实际开发应用功能。

14 应急预案管理

14.1 一般规定

14.1.1 供水单位应根据国家和地方有关法律法规并结合企业实际,制订和完善城镇供水管网突发事件的应急处置预案和专项预案,并按要求报送城市供水行政主管部门及其他有关部门。

14.1.2 供水单位应配合当地人民政府制订城市供水应急预案。

14.2 应急预案管理

14.2.1 供水单位应按要求组织开展供水管网应急预案的模拟演练，并做好记录。

14.2.2 城市供水管网突发事件处置完成后，供水单位应形成评估报告。

14.2.3 供水单位应制订城市供水管网突发事件的信息上报程序或信息发布机制。

15 运行安全管理

15.1 一般规定

15.1.1 供水单位应根据国家法律法规制定安全生产管理制度，规范作业行为，保障管网运行安全。

15.1.2 供水单位应制订管网运行安全目标，并定期开展检查、监督和考核。

15.2 运行安全管理

15.2.1 供水单位应按照安全规定和操作规程的要求，规范运行维护作业现场行为，设置明显的安全警示标志，配置安全设施。

15.2.2 供水单位应按照国家相关规定要求，为从业人员提供符合安全要求的环境和条件，配备与安全防护相适应的设施、工具和劳动用品。

15.2.3 供水单位应定期进行安全隐患排查，并制订安全隐患整改方案，对整改完成情况进行检查评估。

15.2.4 发生管网运行事故后，供水单位应立即组织应急救援抢险，保护事故现场和有关证据，配合事故调查，并按规定进行事故报告。

附录A 供水单位主要管网管理制度名录

A.0.1 供水单位应结合自身实际，合理建立管网管理制度体系，本附录为供水单位应建立的基本制度。

1 组织机构及岗位管理制度

2 员工培训管理制度

3 管网预算管理制度

4 管网固定资产管理制度

5 管网资料管理制度

6 绩效管理制度

7 管网并网管理制度

8 管道冲洗消毒管理制度

9 管网供水调度管理制度

10 管网水质管理制度

11 管网停水管理制度

12 供水管网及其附属设施管理制度

13 探漏和巡检设备管理制度

14 市政、小区消火栓及维护维修管理制度

15 管网日常巡检维护管理制度

16 管网日常检漏管理制度

17 管网漏损控制管理制度

18 管道工安全生产技术操作规程

19　爆管抢修操作流程

20　下井作业安全操作规程

21　供水管网突发事件应急处理预案

本标准用词说明

1 为便于在执行本标准条文时区别对待，对要求严格程度不同的用词说明如下：

1）表示很严格，非这样做不可的：

正面词采用“必须”，反面词采用“严禁”；

2）表示严格，在正常情况下均应这样做的：

正面词采用“应”，反面词采用“不应”或“不得”；

3）表示允许稍有选择，在条件许可时首先应这样做的：

正面词采用“宜”，反面词采用“不宜”；

4）表示有选择，在一定条件下可以这样做的，采用“可”。

2 条文中指明应按其他有关标准执行的写法为“应符合……的规定”或“应按……执行”。

引用标准名录

1 《生活饮用水卫生标准》GB 5749

2 《城市供水水质标准》CJ/T 206

3 《城镇供水厂运行、维护及安全技术规程》CJJ 58

4 《城市供水管网漏损控制及评定标准》CJJ 92

5 《城镇供水管网运行、维护及安全技术规程》CJJ 207

6 《城镇供水服务》CJ/T 316

7 《四川省城市供水条例》

四川省工程建设地方标准

四川省城镇供水管网运行管理标准

Standard for Operation and Management of the Urban Water Distribution System in Sichuan Province

条 文 说 明

目　次

1 总 则

1.0.1 本条文规定了本标准的编制目的。住房和城乡建设部于2014年发布了《城镇供水管网运行、维护及安全技术规程》CJJ 207，对城镇供水管网的运行维护及安全技术制定了统一规范，有力促进了城镇供水管网管理水平的提升。同时，全省范围内城镇供水管网规模差别巨大，管理水平参差不齐，因此，有必要建立我省城镇供水管网运行管理的地方推荐标准，以引导我省城镇供水管网建立全面完善的管理体系，提高管理水平。

1.0.2 本条文规定了本标准的适用范围。本标准适用于建制镇、县城及县级市、地级市以及省会城市（区域中心城市）的城镇供水单位，城镇供水单位应按本标准的要求建立完整的供水管网运行管理体系。根据供水管网规模和实际条件不同，可以采取不同的实现方式。标准主要对供水管网的各项业务工作进行规定，不对机构设置等做统一要求。

3 基础管理

3.1 组织机构及岗位管理

3.1.3 本条文规定了供水单位应持续实施管网运行管理部门的内部员工培训。供水单位应根据管理要求、新技术、新设备等，并结合专业、员工经验和能力进行系统培训。培训效果可采用笔试、现场考核、问卷调查等进行评价。

3.2 制度管理

3.2.1 本条文规定了供水单位应建立的基本管网管理制度目录，该目录为管网管理的基本要求，供水单位建立的制度应涵盖目录所涉及的内容。

4 并网管理

4.1 一般规定

4.1.2 供水单位在执行现行国家标准的基础上，宜结合当地实际制定并网管线的质量要求，必要时报当地供水行政主管部门备案。国家标准为通用标准，主要包括了《室外给水设计规范》GB 50013、《给水排水管道工程施工及验收规范》GB 50268、《给水排水构筑物工程施工及验收规范》GB 50141 等，而供水单位根据当地实际情况提出的质量要求，是为了适应当地供水状况，保障管网安全运行而对国家标准作出的具体补充。

4.2 并网管理

4.2.1 管道并网前的检查内容主要包括：工程验收合格文件、管线及附属设施的状态、管道内清洁程度、现场与竣工图纸的符合性、其他供水水源的非预期连接、报废管线的处置等。

4.2.2 管道并网前实施方案内容主要包括：碰管施工组织、阀门启闭步骤、冲洗消毒措施等。

4.2.3 新建、改建、扩建的城市供水管道，在投入使用或者与供水管网系统连接通水前，建设单位和供水单位应当进行冲洗消毒，经城市供水主管部门委托具有资质的水质监测机构监测合格后，方可投入使用。

5 运行调度管理

5.1 一般规定

5.1.1 供水运行调度体系应包括供水运行调度管理制度、供水运行调度平台、供水运行参数采集系统等。供水单位应每10 km^2 设置不少于1个测压点进行实时监测，并选择有代表性的压力监测点作为调度控制点。

5.2 运行调度管理

5.2.1 供水单位供水调度行为包括不限于：合理配置资源，实行24 h调度值班；建立供水调度规范，细化供水调度要求；建立调度指令及执行记录，实现调度信息可追溯；实时保存监测点压力数据，定期分析压力合格率。

6 水质监控管理

6.1 一般规定

6.1.1 水质监测取样点的设立应考虑水流方向等因素对水质的影响，应在输水管线的近端、中端、远端和管网末梢、供水分界线及大用户点附近设置，监测点应尽量均衡地分布在管网中。

6.2 水质监控管理

6.2.1 保证管网水质措施包括：在城市供水管网与用户管网的分界点设置防倒流装置，避免回流污染；安装、维修过程中，采取措施防止外部水或异物进入管道；在管网停水放空时，进行管道内异物清掏，复水时进行冲洗排污；针对零流速和低流速管段，采取暂停运行、末端排放等。

6.2.2 水质异常信息是指用户反映的水质异常信息以及在管网水质监测中发现的数据异常信息等。

7 停水管理

7.1 一般规定

7.1.1 管网停水管理制度应包括对管网计划停水、管网临时停水、管网紧急停水的具体要求;供水单位可根据停水规模(停水用户数多少、停水管径大小)建立单位内部分级审批机制。

7.1.3 管网停水方案应包括:停水时间及时段、阀门启闭步骤、影响用户、临时供水措施、冲洗方案及停水阀门示意图等。

7.1.4 停水操作按照停水方案中阀门启闭步骤进行,过程中现场操作人员应与调度部门保持联系,及时反馈信息,做到安全操作、平稳调度。同时每次阀门操作应进行记录。恢复供水应按"控制流量灌水排气—确认满管足压—排污换水—恢复阀门状态"的步骤规范操作。

7.2 停水管理

7.2.1 停水或降压通知主要内容应包括原因、范围、开始时间、预计恢复正常供水时间等。管网停水的告知方式主要包括媒体、网络、短信、现场公告及热线咨询等,因故超时应再次通知客户。

8 维修管理

8.1 一般规定

8.1.1 管网维修管理制度应包含管网抢修流程和抢修作业规程。针对管网爆管，应按照快速到场、预防次生灾害、及时止水、连续抢修的要求，加大资源配置和维修力量，提高处置效率。

8.1.2 维护站点服务半径不宜超过 5 km，选在交通方便，通信及后勤保障顺畅的区域内配置；维护站点的人员宜按照每 6～8 km 管道配巡检维护人员 1 名的数量配备；配备的快速抢修器材、机具主要包括：工程抢险车、破路及挖土机械、可移动电源、抽水设备、抢修用发电机、电焊、气焊设备、烘干箱、起重机械、照明、安全保护装置、管道通风设备。

8.2 维修管理

8.2.1 在维修过程中应明确：城市供水设施养护维修施工现场应当设置规范的警示标志，采取安全防护和环境保护措施；若发生爆管事故，维修人员应及时赶赴现场，时间最长不超过 1 h；到现场后尽快止水，时间最长不超过 4 h。因管道地基沉降、温度变化、外部荷载变化等原因造成的管道破坏，在管道修复时供水单位应采取相应措施消除各种隐患。

9 巡检保护管理

9.1 一般规定

9.1.1 管网巡查保护管理制度应明确工作内容、范围、责任人，建立岗位责任制及工作流程；对管网实行分区管理，指定专人对管网进行周期巡检管理维护。巡护周期应以管道本身的质量、管道的重要程度及周边干扰状况等来确定；对于管线周边出现施工工地或其他影响管道安全运行的建设活动时，巡护周期应缩短，对该管段现场进行 24 h 监管。

9.1.2 管网巡查工作收集的信息主要包括：管网漏水和设施受损信息、管网及设施堆挡埋压信息、可能影响管网安全的各类施工作业、偷盗水及违规用水信息、管网周边环境变化（如沉降）等。

9.2 巡检保护管理

9.2.1 供水单位应从政府规划、建设部门获取建设工程项目信息，对影响供水管网的工程项目及时纳入工地管理。

9.2.2 管线保护方案评估内容主要包括：施工过程中对安全的影响、外力负荷变化对管网的影响、工程对管网维修空间的影响等。

10 附属设施维护管理

10.1 一般规定

10.1.1 管网附属设施包括闸阀、蝶阀、调流阀、减压阀、伸缩器、空气阀、消火栓、止回阀、倒流防止器、水锤消除装置、阴极保护装置、井室、井盖、支墩、支座及过河倒虹管的护坡、护底等。供水单位应根据不同类型的附属设施制定相应的维护作业标准。

10.1.2 供水单位对管网附属设施建立日常保养、一般检修和大修三级维护检修制度。日常保养是对附属设施进行经常性的保养和清洁；一般检修主要是对附属设施部件进行停水维修更换；大修主要是设施整体或主要部件的更换。附属设施安装操作维护说明书有明示的，应按照说明书要求的周期进行检修，否则应根据附属设施的具体情况制定相应的检修周期。水表的周期性检定应按照国家有关规定执行。

10.2 附属设施维护管理

10.2.1 日常保养是对附属设施进行经常性的保养和清洁；一般检修主要是对附属设施部件进行停水维修更换；大修主要是设施整体或主要部件的更换。

10.2.3 供水单位应及时处置市政消火栓被堆挡、埋压等异常情况，并报公安机关消防机构。在停水时有可能影响消防队灭火救援的，应事先通知当地公安机关消防机构。

11 漏损控制管理

11.1 一般规定

11.1.1 管网漏失率是指漏水量与供水总量之比；产销差率是指未计量水与供水总量之比。供水单位制定的漏失率（或产销差率）应符合国家及行业标准的规定。

11.1.2 管网检漏包括巡检发现明漏和使用仪器设备探测暗漏两部分内容。供水单位应配备相应的人员和仪器设备，有计划地开展检漏工作，没有条件配备专业检漏人员的供水单位可委托专业检漏单位检漏。

11.2 漏损控制管理

11.2.3 供水单位宜每月建立漏损台账，实施动态管理，更精确有效地控制管网漏损率。台账包括：明漏水量台账、暗漏水量台账、消火栓排水量台账、新建管道冲洗水量台账、消防用水量台账等。

12 档案资料管理

12.1 一般规定

12.1.1 供水单位应实施管网资料收集、整理、立卷、归档、保存、查询、销毁等管理工作。管线资料主要包括管线建设项目规划、立项、设计、验收、竣工资料等。

12.1.3 供水单位应建立管网资料和管网数据安全保密制度，明确借阅和查询权限，规范借阅和查询程序。

12.2 档案资料管理

12.2.1 管网资料管理应包括下列内容：管网工程规划、设计、施工和竣工验收的纸质档案及信息化档案；管网及附属设施基础信息；爆管及各类事故发生及处理信息；管网运行维护管理的相关信息等。

12.2.2 供水管网数据地理信息系统的基础数据应包括管线及设施的空间数据和属性数据，可进一步附加管线及设施维护和运行状态数据，开发功能应用模块，并向管网业务单位开放查询、分析、方案制作等应用功能。

14 应急预案管理

14.1 一般规定

14.1.1 供水单位的管网突发事件根据具体情况一般可分为：管网水质突发事件、输水干管爆管或损坏的突发事件、管网失压的突发事件及其他严重影响供水安全的管网突发事件。应急处置预案的主要内容应包括：指挥机构及职责、适用范围、事件的分级分类、预测预警与预警响应、应急响应、信息共享与信息发布、善后处置与调查评估、教育培训与应急演练等。应急预案应适时修订完善。

14.2 应急预案管理

14.2.3 供水单位应明确信息上报的程序、上报单位或部门，重大信息的发布应由当地政府水行政主管部门发布或授权批准。

15　运行安全管理

15.1　一般规定

15.1.1　供水单位的管网安全生产管理应按照《中华人民共和国安全生产法》、《四川省安全生产条例》、《企业安全生产标准化基本规范》AQ/T9006 等法律法规的要求组织安全生产管理工作，并建立管道维修作业、设施维护作业、下井作业、高空作业等安全规程。

15.2　运行安全管理

15.2.1　在维修、维护作业时，供水单位应按照相关规定设置明显的安全警示标志，配置安全设施。安全警示标志应设置在有较大危险因素的作业场所和设备设施，告知危险的种类、后果及应急措施等。

15.2.2　供水单位应按照国家相关规定要求，为从业人员提供符合职业健康要求的工作环境和条件，配备与职业健康保护相适应的设施、工具和劳动防护用品。相关要求参照《中华人民共和国职业病防治法》、《作业场所职业健康监督管理暂行规定》、《劳动防护用品选用规则》GB/T 11651 执行。